Apprendre

Eureka Math
1ère année
Module 6

Great Minds PBC is the creator of Eureka Math®, Wit & Wisdom®, Alexandria Plan™, and PhD Science™.

Published by Great Minds PBC. greatminds.org

Copyright © 2020 Great Minds PBC. All rights reserved. No part of this work may be reproduced or used in any form or by any means—graphic, electronic, or mechanical, including photocopying or information storage and retrieval systems—without written permission from the copyright holder.

ISBN 978-1-64929-063-2

1 2 3 4 5 6 7 8 9 10 XXX 25 24 23 22 21 20

Printed in the USA

Apprendre ♦ Pratiquer ♦ Réussir

La documentation pédagogique d'*Eureka Math*® pour *A story of Units*® (K-5) est proposé dans le trio *Apprendre, Pratiquer, Réussir*. Cette série prend en charge la différenciation et la remédiation tout en gardant les documents pour les élèves organisés et accessibles. Les éducateurs constateront que la série *Apprendre, Pratiquer,* et *Réussir* propose également des ressources cohérentes—et donc plus efficaces—pour la réponse à l'intervention (RAI), la pratique supplémentaire et l'apprentissage pendant l'été.

Apprendre

Apprendre d'Eureka Math sert de compagnon de classe aux élèves, où ils montrent leurs réflexions, partagent ce qu'ils savent, et voient leurs connaissances s'enrichir chaque jour. *Apprendre* rassemble le travail quotidien en classe—Problèmes d'application, Tickets de sortie, Séries de problèmes, Modèles—dans un volume organisé et facilement navigable.

Entraînement

Chaque leçon *Eureka Math* commence par une série d'activités de perfectionnement énergiques et joyeuses, y compris celles se trouvant dans *Pratiquer d'Eureka Math*. Les élèves qui maîtrisent déjà leurs savoirs en mathématiques peuvent acquérir une plus grande maîtrise pratique, encore plus approfondie. Avec *Pratiquer*, les élèves acquièrent des compétences dans les savoirs nouvellement acquis et renforcent leurs apprentissages antérieurs en vue de la leçon suivante.

Ensemble, *Apprendre* et *Pratiquer* fournissent tout le matériel imprimé que les élèves utiliseront pour leur enseignement fondamental des mathématiques.

Réussir

Réussir d'Eureka Math permet aux élèves de travailler individuellement vers leur maîtrise. Ces séries additionnelles de problèmes font correspondre chaque leçon à l'enseignement en classe, ce qui les rend idéaux comme devoirs ou entraînements supplémentaires. Chaque ensemble de problèmes est accompagné d'une Aide aux devoirs, un ensemble d'exemples concrets qui illustrent comment résoudre des problèmes similaires.

Les enseignants et les tuteurs peuvent utiliser les livres *Réussir* des niveaux précédents comme outils cohérents avec le programme pour combler des lacunes dans les connaissances fondamentales. Les élèves s'épanouiront et progresseront plus rapidement parce que les modèles familiers facilitent les connexions au contenu de leur niveau scolaire actuel.

Élèves, familles, et éducateurs :

Merci de faire partie de la communauté *Eureka Math*®, qui célèbre la passion, l'émerveillement et le plaisir des mathématiques.

Dans la salle de classe *Eureka Math*, un nouveau type d'apprentissage est activé par la richesse des expériences et des dialogues. Le livre *Apprendre* met entre les mains de chaque élève les instructions et séquences de problèmes dont ils ont besoin pour exprimer et consolider leur apprentissage en classe.

Que contient le livre Apprendre ?

Problèmes d'application : La résolution de problèmes dans un contexte réel fait partie du quotidien d'*Eureka Math*. Les élèves renforcent leur confiance et leur persévérance lorsqu'ils appliquent leurs connaissances dans d'autres situations, nouvelles et variées. Le programme encourage les élèves à utiliser le processus LDE—Lire le problème, Dessiner pour donner un sens au problème, et Écrire une équation et une solution. Les enseignants facilitent le partage des travaux entre les élèves qui se présentent mutuellement leurs stratégies de solution.

Séries de problèmes : Une série de problèmes soigneusement séquencée offre une opportunité en classe pour un travail indépendant, avec plusieurs points d'entrée pour la différenciation. Les enseignants peuvent utiliser le processus de Préparation et de Personnalisation pour sélectionner les problèmes « À faire » pour chaque élève. Certains élèves effectuerons plus de problèmes que d'autres ; l'important est que tous les élèves disposent d'une période de 10 minutes pour exercer immédiatement ce qu'ils ont appris, avec un léger encadrement de leur professeur.

Les élèves amènent avec eux la Série de problèmes jusqu'au point culminant de chaque leçon : le Compte rendu de l'élève. Ici, les élèves réfléchissent avec leurs pairs et leur enseignant, articulant et consolidant ce qu'ils se sont demandé, ce qu'ils ont remarqué et ce qui a été appris ce jour-là.

Tickets de sortie : Les élèves montrent à leur enseignant ce qu'ils savent grâce à leur travail sur le Ticket de sortie quotidien. Cette vérification de la compréhension fournit à l'enseignant des preuves précieuses en temps réel de l'efficacité de l'enseignement de ce jour-là, offrant un aperçu indispensable de la prochaine étape à suivre.

Modèles : Occasionnellement, le Problème d'application, la Série de problèmes, ou toute autre activité de classe nécessite que les élèves aient leur propre copie d'une image, d'un modèle réutilisable, ou d'un ensemble de données. Chacun de ces modèles est fourni avec la première leçon qui les exige.

Où puis-je en savoir plus sur les ressources Eureka Math ?

L'équipe de Great Minds® s'engage à aider les élèves, les familles, et les éducateurs avec une bibliothèque de ressources en constante expansion, disponible sur le site eureka-math.org. Le site Web propose également des histoires de réussite inspirantes survenues dans la communauté *Eureka Math*. Partagez vos idées et vos réalisations avec d'autres utilisateurs en devenant un Champion d'*Eureka Math*.

Meilleurs vœux pour une année remplie de découvertes !

Jill Diniz

Jill Diniz
Directeur des mathématiques
Great Minds

Le processus Lis–Dessine–Écris

Le programme *Eureka Math* aide les élèves à résoudre leurs problèmes en utilisant un processus simple et reproductible, présenté par l'enseignant. Le processus Lis–Dessine–Écris (LDE) incite les élèves à

1. Lire le problème.
2. Dessiner et étiqueter.
3. Écrire une équation.
4. Écrire une phrase (énoncé).

Les éducateurs sont encouragés à consolider le processus en interposant des questions telles que

- Que vois-tu ?
- Peux-tu dessiner quelque chose ?
- Quelles conclusions peux-tu tirer de ton dessin ?

Plus les élèves utilisent cette approche systématique et ouverte pour raisonner sur leurs problèmes, plus ils intérioriseront le processus de pensée et l'appliqueront instinctivement au cours des années qui suivent.

Contenu

Module 6 : Valeur de Position, Comparaisons, Additions et Soustractions jusqu'à 100

Sujet A : Problèmes de mots sur les comparaisons

Leçon 1 1

Leçon 2 5

Sujet B: Nombres jusqu'à 120

Leçon 3 9

Leçon 4 17

Leçon 5 23

Leçon 6 29

Leçon 7 35

Leçon 8 41

Leçon 9 47

Sujet C : Additions jusqu'à 100 en utilisant la Compréhension de la Valeur de Position

Leçon 10 53

Leçon 11 61

Leçon 12 67

Leçon 13 73

Leçon 14 79

Leçon 15 85

Leçon 16 91

Leçon 17 97

Sujet D : Stratégies de Valeur de Position Variées pour les additions jusqu'à 100.

Leçon 18 103

Leçon 19 109

Sujet E : Pièces et leurs valeurs

    Leçon 20 115

    Leçon 21 121

    Leçon 22 127

    Leçon 23 133

    Leçon 24 139

Sujet F : Types de problème variés jusqu'à 20.

    Leçon 25 145

    Leçon 26 149

    Leçon 27 153

Sujet G : Expériences finales

    Leçon 28 157

    Leçon 29 161

    Leçon 30 163

Nom _____ Date _____

Lis le problème.

Dessine un diagramme en bande ou un diagramme en double bande et étiquette.

Écris une phrase numérique et une déclaration qui correspondent à l'histoire.

1. Peter a 3 chèvres vivant dans sa ferme. Julio a 9 chèvres vivant dans sa ferme. Combien de chèvres Julio a-t-il de plus que Peter ?

---

2. Willie a cueilli 16 pommes dans le verger. Emi a cueilli 10 pommes dans le verger. Combien de pommes Willie a-t-il cueillies de plus qu'Emi ?

Leçon 1 : Résoudre des problèmes du type *comparer avec une différence inconnue*.

3. Lee a ramassé 13 œufs de poules dans la grange. Ben a ramassé 18 œufs de poules dans la grange. Combien d'œufs Lee a-t-il ramassé de moins que Ben ?

4. Shanika a fait 14 roues pendant la récréation. Kim a fait 20 roues. Combien de roues Kim a-t-elle faites de plus que Shanika ?

Nom _____ Date _____

Lis le problème.
Dessine un diagramme en bande ou un diagramme en double bande
et étiquette.
Écris une phrase numérique et une déclaration qui correspondent
à l'histoire.

Anton a fait le tour du circuit 12 fois pendant la course. Rose a fait le tour du circuit 17 fois. Combien de tours du circuit Rose a-t-elle faits de plus qu'Anton ?

Nom _____ Date _____

Lis le problème.
Dessine un diagramme en bande ou un diagramme en double bande et étiquette.
Écris une phrase numérique et une déclaration qui correspondent à l'histoire.

1. Nikil a préparé 5 tartes pour le concours. Peter a préparé 3 tartes de plus que Nikil. Combien de tartes Peter a-t-il préparé pour le concours ?

2. Emi a planté 12 fleurs. Rose a planté 3 fleurs de moins qu'Emi. Combien de fleurs Rose a-t-elle plantées ?

3. Ben a marqué 15 buts lors du match de football. Anton a marqué 11 buts. Combien de buts Ben a-t-il marqués de plus qu'Anton ?

4. Kim a cultivé 12 roses dans un jardin. Fran a cultivé 6 roses de moins que Kim. Combien de roses Fran a-t-elle cultivées dans le jardin ?

5. Maria a 4 poissons de plus dans son aquarium que Shanika. Shanika a 16 poissons. Combien de poissons Maria a-t-elle dans son aquarium ?

6. Lee possède 11 jeux de société. Lee possède 5 jeux de société de plus que Darnel. Combien de jeux de société possède Darnel ?

UNE HISTOIRE D'UNITÉS   Leçon 2 Ticket de sortie   1•6

Nom _____ Date _____

Lis le problème.
Dessine un diagramme en bande ou un diagramme en double bande et étiquette.
Écris une phrase numérique et une déclaration qui correspondent à l'histoire.

N | 6 |
R | 6 | 4 |
  ? = 10
6 + 4 = 10

Tamra a décoré 13 biscuits. Kiana a décoré 5 biscuits de moins que Tamra. Combien de biscuits Kiana a-t-elle décorés ?

Leçon 2 : Résoudre des problèmes de type *comparer avec une inconnue plus grande ou plus petite*.

Lis

Tamra a 4 poissons rouges de plus que Peter. Peter a 10 poissons rouges. Combien de poissons rouges Tamra a-t-elle ?

Dessine

Écris

_____

_____

_____

Nom _____ Date _____

Écris les dizaines et les unités. Remplis la déclaration.

1.

43 = ____ dizaines ____ unités

2.

____ = ____ dizaines ____ unités

3.

Il y a ____ cubes.

4.

Il y a ____ cubes.

5.

Il y a ____ cubes.

6.

Il y a ____ cubes.

7.

Il y a ____ cacahuètes.

8.

Il y a ____ boîtes de jus.

9. Écris le nombre comme dizaines et unités dans le tableau de valeur de position ou utilise le tableau de valeur de position pour écrire le nombre.

a. 40

dizaines	unités

b. 46

dizaines	unités

c. ____

dizaines	unités
5	9

d. ____

dizaines	unités
9	5

e. 75

dizaines	unités

f. 70

dizaines	unités

g. 60

dizaines	unités

h. ____

dizaines	unités
8	0

i. ____

dizaines	unités
5	5

j. ____

dizaines	unités
10	0

Nom _____ Date _____

1. Écris les dizaines et les unités. Remplis la déclaration.

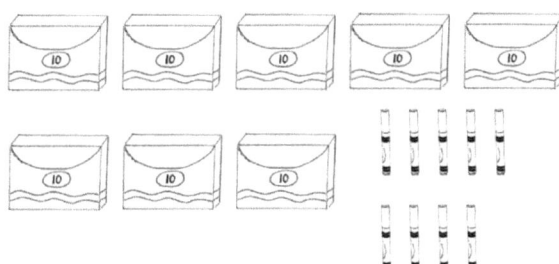

dizaines	unités

Il y a ____ marqueurs.

2. Écris le nombre comme dizaines et unités dans le tableau de valeur de position ou utilise le tableau de valeur de position pour écrire le nombre.

a. 90

dizaines	unités

b. ____

dizaines	unités
8	7

UNE HISTOIRE D'UNITÉS — Leçon 3 Modèle 2   1•6

dizaines	unités

dizaines	unités

tableau de valeur de position

Leçon 3 : Utilise le tableau de valeur de position pour noter et nommer les dizaines et les unités d'un nombre à deux chiffres jusqu'à 100.

15

Lis

Tamra a 14 poissons rouges. Darnel a 8 poissons rouges. Combien de poissons rouges Darnel a-t-il de moins que Tamra ?

Dessine

Écris

_____

_____

_____

Nom _____ Date _____

Compte les objets et remplis la liaison numérique ou le tableau de valeur de position. Complète les phrases pour ajouter des dizaines et unités.

1.

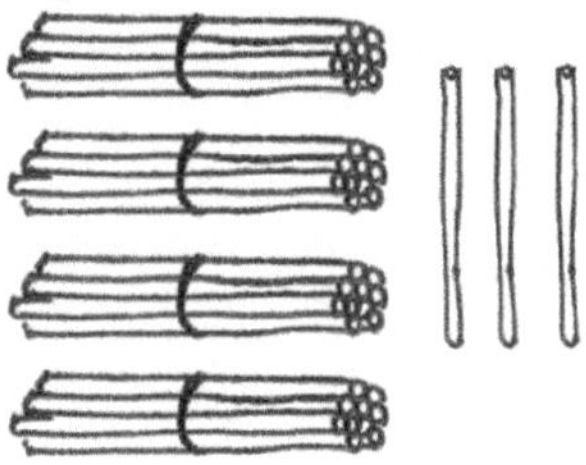

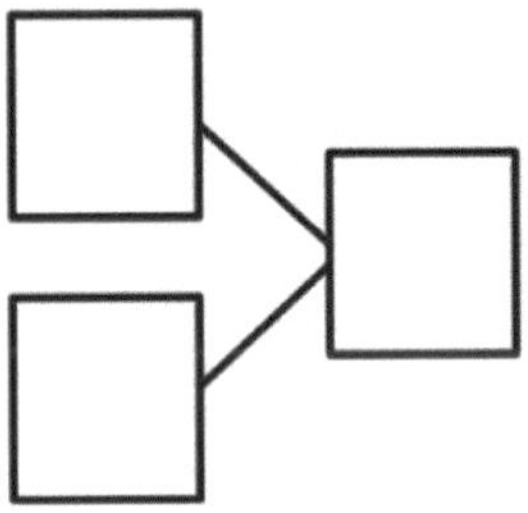

40 et 3 font ____.

40 + 3 = ____

2.

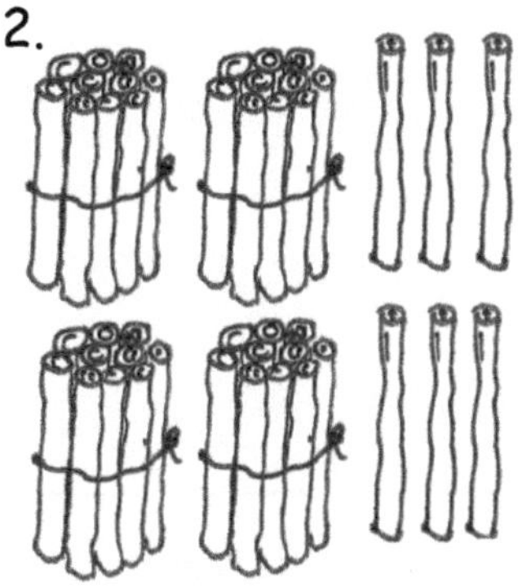

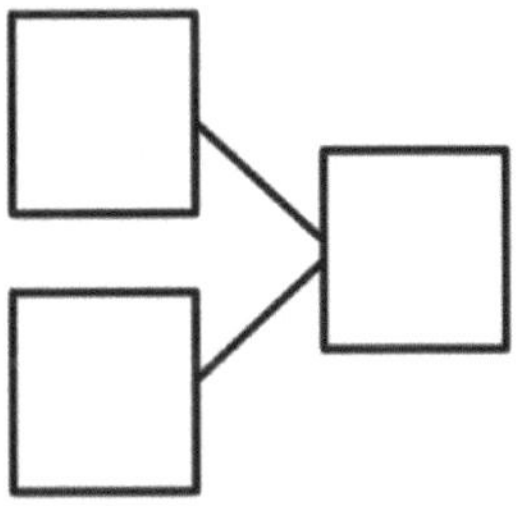

40 et 6 font ____.

40 + 6 = ____

3.

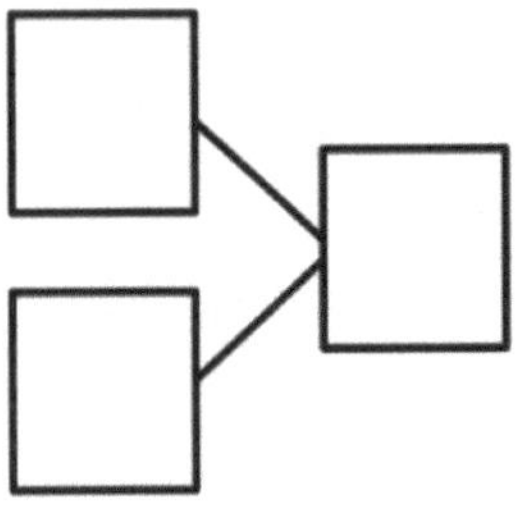

57 = ____ + ____

7 de plus que 50 est égal à ____.

4.

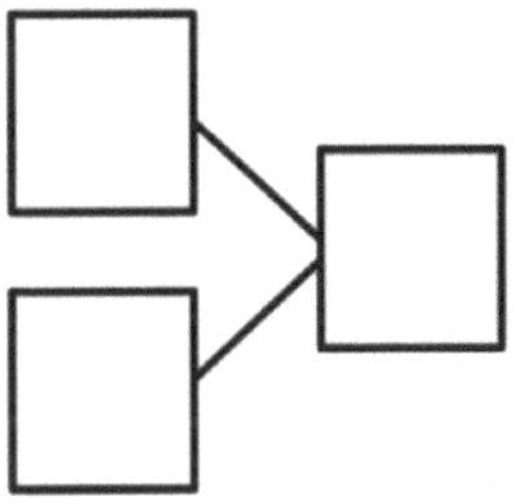

75 = ____ + ____

5 de plus que 70 est égal à ____.

5.

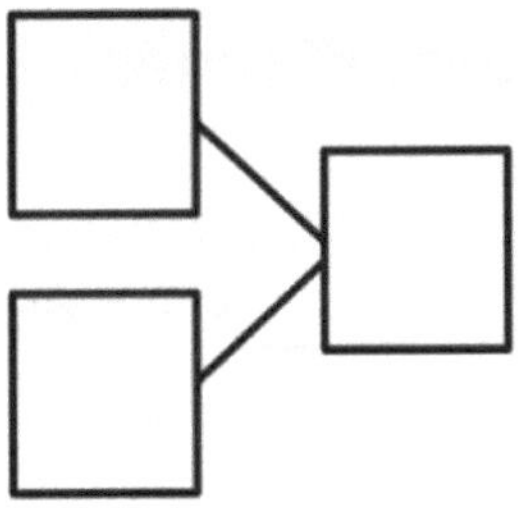

____ + ____ = ____

____ dizaines + ____ unités = ____

6.

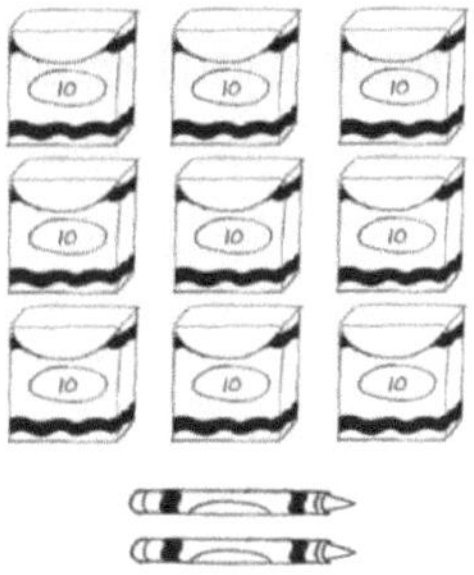

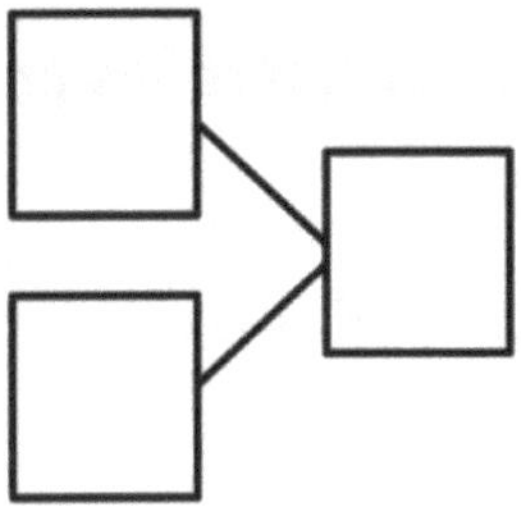

____ + ____ = ____

____ dizaines + ____ unités = ____

Leçon 4 : Écris et interprète les nombres à deux chiffres comme des phrases d'addition qui combinent des dizaines et des unités.

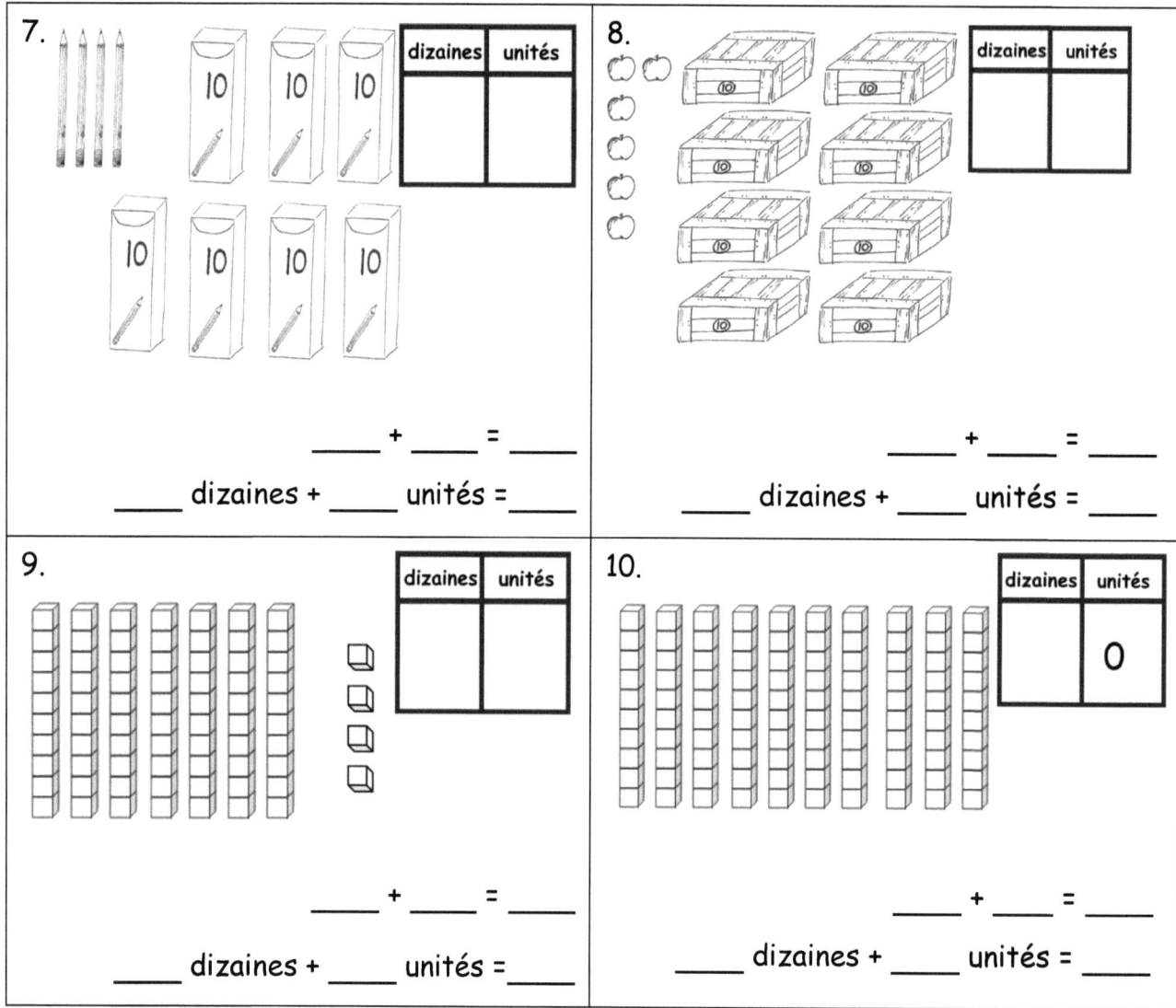

11. Complète les phrases pour ajouter des dizaines et unités.

a. 50 + 6 = ____

b. ____ + 9 = 89

c. 5 dizaines + ____ unités = 56

d. 9 unités + 8 dizaines = ____

Nom _____ Date _____

1. Compte les objets et remplis la liaison numérique ou le tableau de valeur de position. Complète les phrases pour ajouter des dizaines et unités.

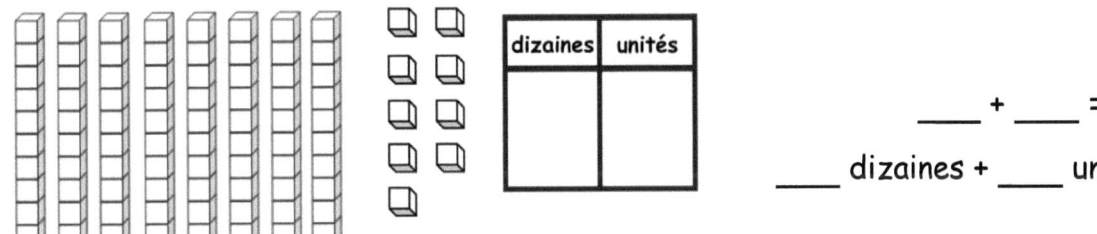

___ + ___ = ___

___ dizaines + ___ unités = ___

2. Complète les phrases pour ajouter des dizaines et unités.

   a. 90 + 2 = ____

   b. 7 dizaines + ____ unités = 79

Lis

Kiana a 6 poissons rouges de moins que Tamra. Tamra a 14 poissons rouges. Combien de poissons rouges Kiana a-t-elle ?

Dessine

Écris

_____

_____

_____

Nom _____ Date _____

1. Résoudre. Tu peux dessiner ou rayer (x) pour montrer ton travail.

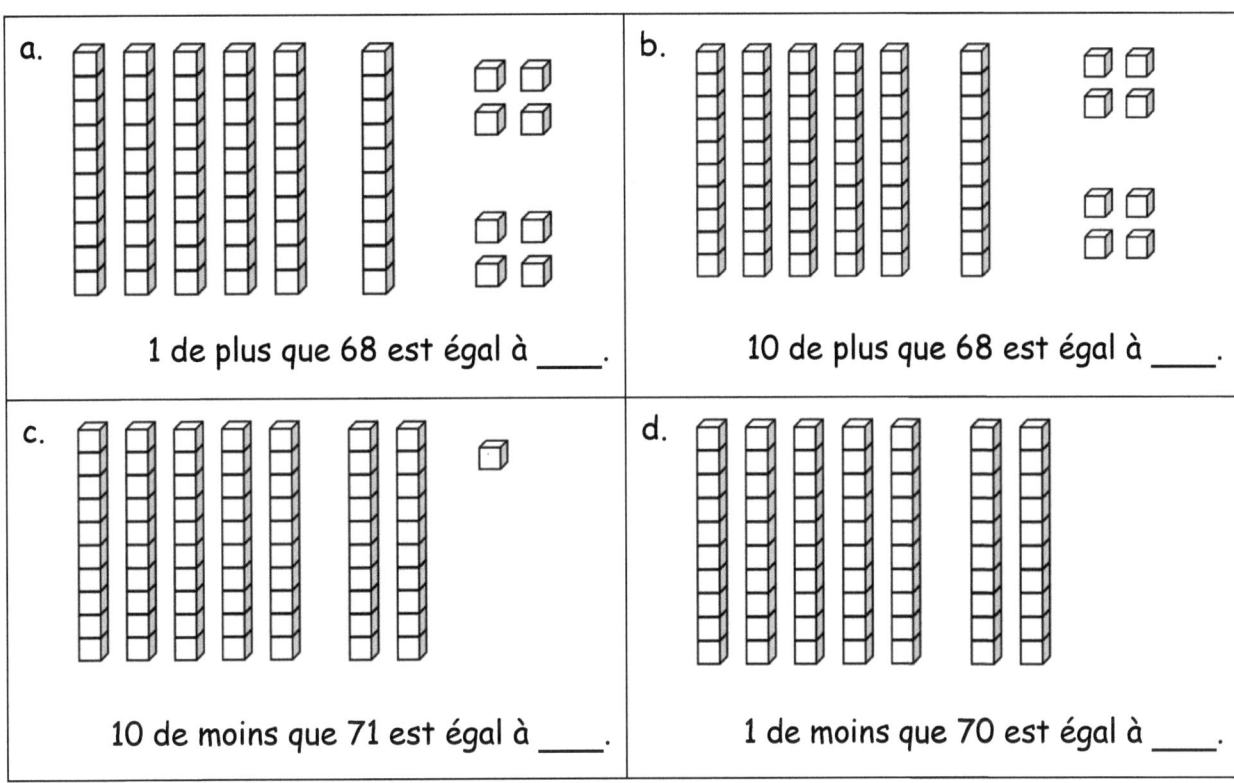

a. 1 de plus que 68 est égal à ____.

b. 10 de plus que 68 est égal à ____.

c. 10 de moins que 71 est égal à ____.

d. 1 de moins que 70 est égal à ____.

2. Trouve les nombres mystères. Utilise la direction de la flèche pour expliquer comment tu le sais.

a. 10 de plus que 59 est égal à _____.

dizaines	unités
5	9

+ 1 dizaines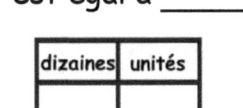

dizaines	unités

b. 1 de moins que 59 est égal à _____.

dizaines	unités

dizaines	unités

c. 1 de plus que 59 est égal à _____.

dizaines	unités

dizaines	unités

d. 10 de moins que 59 est égal à _____.

dizaines	unités

dizaines	unités

Leçon 5 : Identifie 10 de plus, 10 de moins, 1 de plus et 1 de moins que le nombre à deux chiffres allant jusqu'à 100.

3. Écris le nombre qui est **1 de plus**.

   a. 10, ____

   b. 70, ____

   c. 76, ____

   d. 79, ____

   e. 99, ____

4. Écris le nombre qui est **10 de plus**.

   a. 10, ____

   b. 60, ____

   c. 61, ____

   d. 78, ____

   e. 90, ____

5. Écris le nombre qui est **1 de moins**.

   a. 12, ____

   b. 52, ____

   c. 51, ____

   d. 80, ____

   e. 100, ____

6. Écris le nombre qui est **10 de moins**.

   a. 20, ____

   b. 60, ____

   c. 74, ____

   d. 81, ____

   e. 100, ____

7. Remplis les nombres manquants dans chaque séquence.

   a. 40, 41, 42, ____

   b. 89, 88, 87, ____

   c. 72, 71, ____, 69

   d. 63, ____, 65, 66

   e. 40, 50, 60, ____

   f. 80, 70, 60, ____

   g. 55, 65, ____, 85

   h. 99, 89, ____, 69

   i. ____, 99, 98, 97

   j. ____, 77, ____, 57

Nom _____   Date _____

1. Trouve les nombres mystères. Utilise la direction de la flèche pour montrer comment tu le sais.

   a. 1 de moins que 69 est égal à _____.   b. 0 de plus que 69 est égal à _____.

dizaines	unités		dizaines	unités		dizaines	unités		dizaines	unités

2. Écris le nombre qui est **1 de plus**.	3. Écris le nombre qui est **10 de plus**.
a. 40, ____	a. 50, ____
b. 86, ____	b. 62, ____
c. 89, ____	c. 90, ____
4. Écris le nombre qui est **1 de moins**.	5. Écris le nombre qui est **10 de moins**.
a. 75, ____	a. 80, ____
b. 70, ____	b. 99, ____
c. 100, ____	c. 100, ____

Leçon 5 : Identifie 10 de plus, 10 de moins, 1 de plus et 1 de moins que le nombre à deux chiffres allant jusqu'à 100.

Lis

Nikil possède 12 petites voitures. Willie possède 4 petites voitures. Quand Nikil et Willie jouent ensemble, combien de voitures ont-ils ?

Dessine

Écris

___

___

___

Nom _____   Date _____

1. Utilise les signes pour comparer les nombres. Remplis le vide avec <, >, ou = pour rendre la déclaration vraie.

85 > 75   4 dizaines 3 unités < 4 dizaines 6 unité

85 ⓘ> 75
85 est plus grand que 75.

43 ⓘ< 46
43 est plus petit que 46.

a. 35 ◯ 42

b. 78 ◯ 80

c. 100 ◯ 99

d. 93 ◯ 8 dizaines 3 unités

e. 9 dizaines 8 unités ◯ 10 dizaines

f. 6 dizaines 2 unités ◯ 2 dizaines 6 unités

g. 72 ◯ 2 unités 7 dizaines

h. 5 dizaines 4 unités ◯ 4 dizaines 14 unités

2. Entoure les mots corrects pour rendre la phrase vraie. Utilise >, <, ou = et des nombres pour rédiger une déclaration vraie.

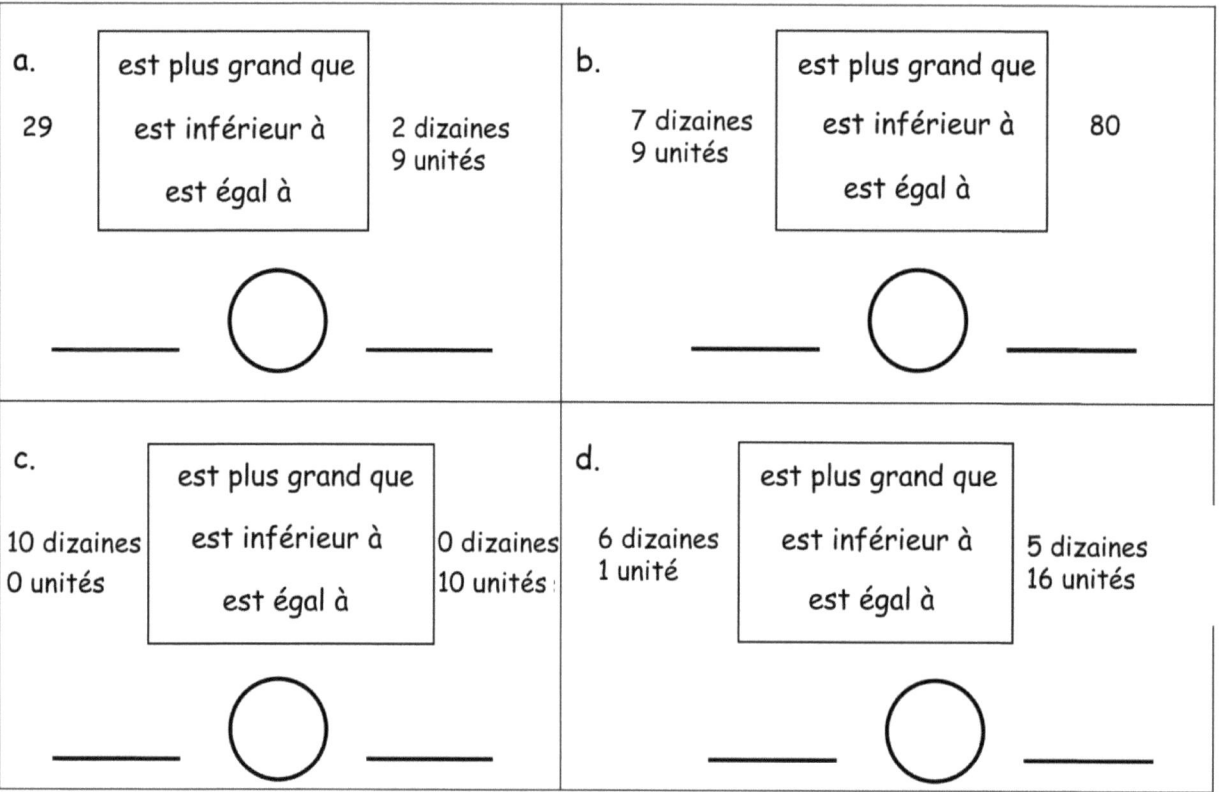

3. Utilise <, =, ou > pour comparer les paires de nombres.

a. 3 dizaines 9 unités ◯ 5 dizaines 9 unités

b. 30 ◯ 13

c. 100 ◯ 10 dizaines

d. 6 dizaines 4 unités ◯ 4 dizaines 6 unités

e. 7 dizaines 9 unités ◯ 79

f. 1 dizaine 5 unités ◯ 5 unités 1 dizaine

g. 72 ◯ 6 dizaines 12 unités

h. 88 ◯ 8 dizaines 18 unités

Nom _____   Date _____

Entoure les mots corrects pour concrétiser la phrase Utilise >, <, ou = et des nombres pour rédiger une déclaration vraie.

a.
36 | est plus grand que / est inférieur à / est égal à | 6 dizaines 3 unités

____ ◯ ____

b.
90 | est plus grand que / est inférieur à / est égal à | 8 dizaines 9 unités

____ ◯ ____

c.
52 | est plus grand que / est inférieur à / est égal à | 5 dizaines 2 unités

____ ◯ ____

d.
4 dizaines 2 unités | est plus grand que / est inférieur à / est égal à | 3 dizaines 14 unités

____ ◯ ____

Lis

Shanika a 6 roses et 7 tulipes dans un vase. Maria a 4 roses et 8 tulipes dans un vase. Qui a le plus de fleurs ? Combien de fleurs a-t-elle ?

Dessine

Écris

___

___

___

Nom _____ Date _____

1. Remplis les nombres manquants dans le tableau Jusqu'à 120.

a.	b.	c.	d.	e.
71	81	91		111
	82		102	
73	83	93		113
	84	94	104	114
76	86	96	106	116
77	87	97		117
79	89	99	109	119
80		100	110	

Leçon 7 : Compte et écris des nombres jusqu'à 120. Utilise les cartes Masquer Zéro pour lier les nombres 0 à 20 à 100 à 120.

2. Ecris les nombres pour continuer la séquence de comptage jusqu'à 120.

96, 97, ____, ____, ____, ____, ____,

____, ____, ____, ____, ____, ____,

____, ____, ____, ____, ____, ____,

____, ____, ____, ____, ____, ____

3. Entoure la séquence qui est fausse. Réécris-la correctement sur la ligne.

a.

107, 108, 109, 110, 120

b.

99, 100, 101, 102, 103

4. Remplis les nombres manquants dans la séquence.

a.

115, 116, ____, ____, ____

b.

____, ____, 118, ____, 120

c.

100, 101, ____, ____, 104

d.

97, 98, ____, ____, ____, ____

UNE HISTOIRE D'UNITÉS Leçon 7 Ticket de sortie 1•6

Nom _____ Date _____

1. Complète le tableau en remplissant les nombres manquants.

   a.
88
90

   b.
99

   c.
108

   d.
119

2. Remplis les nombres manquants pour continuer la séquence de comptage.

   a.
   117, ____, 119, ____

   b.
   108, 109, ____, ____, ____

Lis

Lee a trouvé 15 roches scintillantes. Kim a trouvé 8 roches scintillantes. Combien de roches scintillantes Lee a-t-il trouvées de plus que Kim ?

Dessine

Écris

Nom _____ Date _____

1. Écris le nombre comme dizaines et unités dans le tableau de valeur de position ou utilise le tableau de valeur de position pour écrire le nombre.

a. 74

dizaines	unités

b. 78

dizaines	unités

c. ____

dizaines	unités
9	1

d. ____

dizaines	unités
10	9

e. 116

dizaines	unités

f. 103

dizaines	unités

g. ____

dizaines	unités
11	2

h. ____

dizaines	unités
12	0

i. ____

dizaines	unités
10	5

j. 102

dizaines	unités

Leçon 8 : Compte jusqu'à 120 en forme d'unité en utilisant uniquement des dizaines et des unités. Représente les nombres jusqu'à 120 comme dizaines et unités sur le tableau de valeur de position.

2. Associe.

a.
dizaines	unités
9	7

● ● 10 dizaines 5 unités

b.
dizaines	unités
10	7

● ● 10 dizaines 7 unités

c.
dizaines	unités
11	0

● ● 9 dizaines 7 unités

d.
dizaines	unités
10	5

● ● 12 dizaines 0 unités

e.
dizaines	unités
10	1

● ● 110

f.
dizaines	unités
12	0

● ● 11 dizaines 8 unités

g.
dizaines	unités
11	8

● ● 101

Nom _____ Date _____

1. Écris le nombre comme dizaines et unités dans le tableau de valeur de position ou utilise le tableau de valeur de position pour écrire le nombre.

   a. 83

dizaines	unités

   b. ____

dizaines	unités
9	4

   c. ____

dizaines	unités
11	5

   d. 106

dizaines	unités

2. Écris le nombre.

   a. 10 dizaines 2 unités est le nombre _____.

   b. 11 dizaines 4 unités est le nombre _____.

Leçon 8 : Compte jusqu'à 120 en forme d'unité en utilisant uniquement des dizaines et des unités. Représente les nombres jusqu'à 120 comme dizaines et unités sur le tableau de valeur de position.

Lis

Emi et Julio ont ensemble 17 souris comme animaux de compagnie. Combien de souris chaque enfant peut-il avoir ?

Extension : Qui en a le plus et combien en a cet enfant ?

Dessine

Écris

UNE HISTOIRE D'UNITÉS Leçon 9 Problème d'application 1•6

Nom _____ Date _____

Compte les objets. Remplis le tableau de valeur de position et écris le nombre sur la ligne.

1.

dizaines	unités

_____

2.

dizaines	unités

_____

3.

dizaines	unités

_____

4.

dizaines	unités

_____

5.

dizaines	unités

_____

Leçon 9 : Représente jusqu'à 120 objets avec un nombre écrit.

UNE HISTOIRE D'UNITÉS   Leçon 9 Problème d'application 1•6

6.

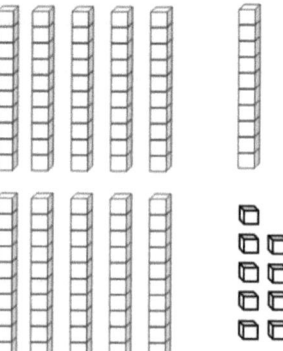

dizaines	unités

_____

7.

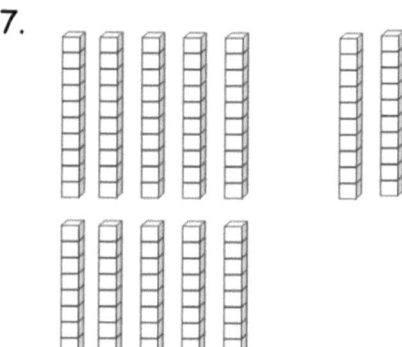

dizaines	unités

_____

Utilise des dizaines et unités rapides pour représenter les nombres suivants. Ecris le nombre sur la ligne.

8. _____

dizaines	unités
10	9

9. _____

dizaines	unités
12	0

Leçon 9 :   Représente jusqu'à 120 objets avec un nombre écrit.

Nom _____ Date _____

1. Compte les objets. Remplis le tableau de valeur de position et écris le nombre sur la ligne.

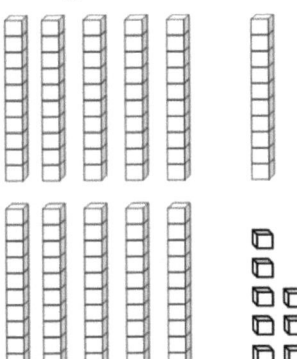

dizaines	unités

_____

2. Utilise des dizaines et unités rapides pour représenter les nombres suivants. Écris le nombre sur la ligne.

a.
dizaines	unités
11	0

_____

b.
dizaines	unités
10	1

_____

Leçon 9 : Représente jusqu'à 120 objets avec un nombre écrit.

Lis

Fran a 8 lézards. Anton a donné des lézards en plus à Fran. Fran a maintenant 13 lézards. Combien de lézards Anton a-t-il donné à Fran ?

Dessine

Écris

___

Leçon 10 : Ajoute et soustrais des multiples de 10 à partir de multiples de 10 jusqu'à 100, y compris des pièces de 10 centimes.

UNE HISTOIRE D'UNITÉS

Leçon 10 Série de problèmes 1•6

Nom _____ Date _____

Complète les liaisons numériques et les phrases numériques pour qu'elles correspondent à l'image.

1. 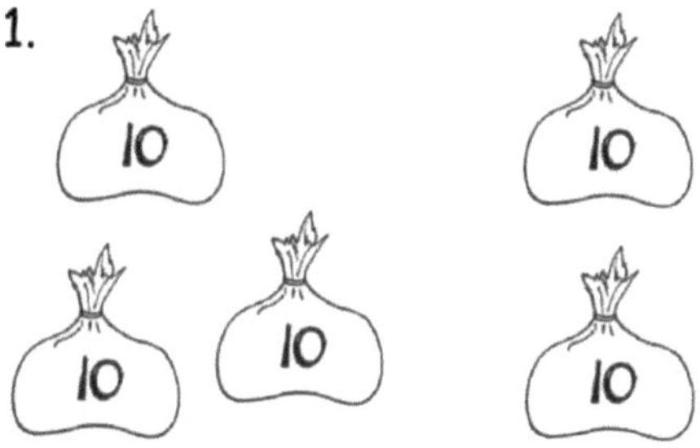
50 / 30 \ 20

___3___ dizaines + _____ dizaines = _____ dizaines

30 + 20 = _____

2. 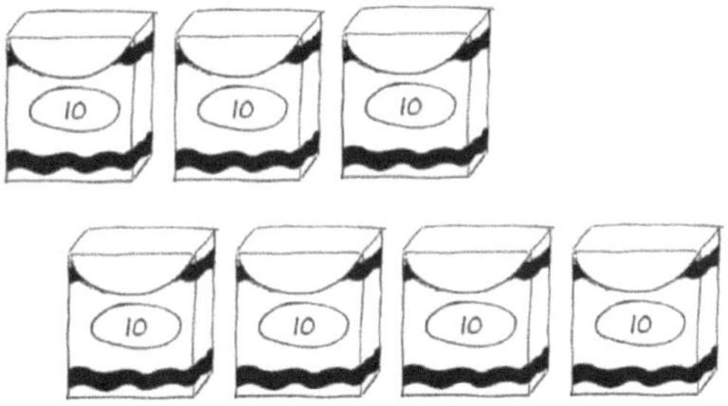
_____ dizaines + _____ dizaines = _____ dizaines

_____

3. 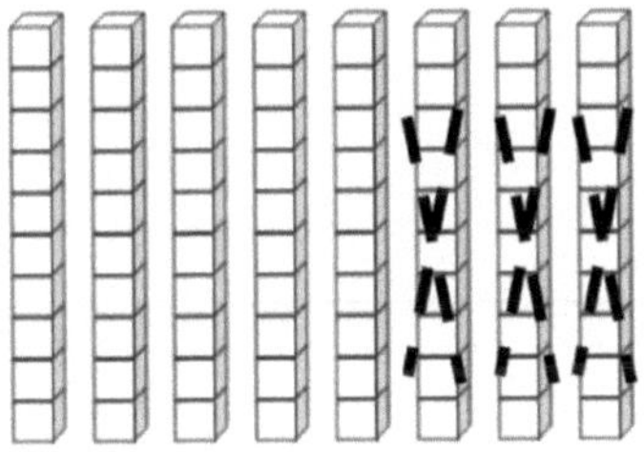
_____ dizaines − _____ dizaines = _____ dizaines

_____

4. 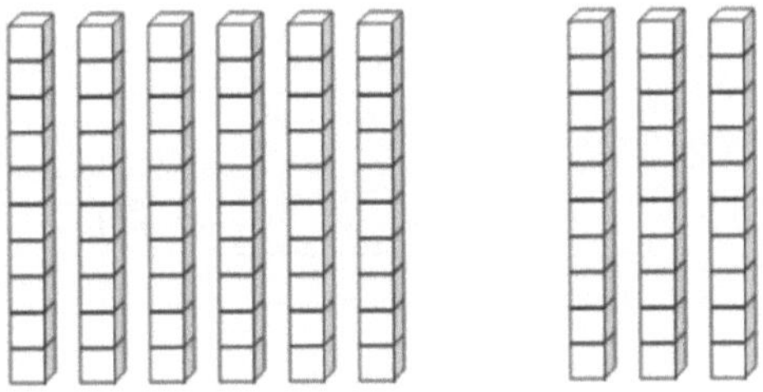
_____ dizaines + _____ dizaines = _____ dizaines

_____

5. 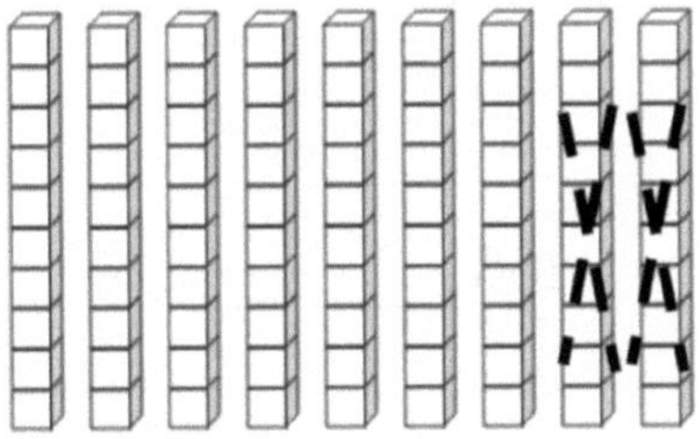
_____ dizaines − _____ dizaines = _____ dizaines

_____

Leçon 10 : Ajoute et soustrais des multiples de 10 à partir de multiples de 10 jusqu'à 100, y compris des pièces de 10 centimes.

55

Compte les pièces de 10 centimes à ajouter ou soustraire. Écris une phrase numérique correspondant à la valeur des dix centimes.

6.  +   40 + 20 = _____

7.  _____

8.  +   _____

9.  _____

10.  _____

11. Écris les chiffres qui manquent.

   a. 40 + 40 = _____   b. 50 − 30 = _____   c. 10 + _____ = 70

   d. 60 − _____ = 0   e. 90 − _____ = 10   f. 70 + _____ = 90

   g. 50 + 40 = _____   h. 100 − 30 = _____   i. 100 − _____ = 70

Nom _____   Date _____

1. Écris les chiffres qui manquent.

   a. 40 + 50 = _____   b. 80 − 60 = _____   c. 30 + _____ = 70

2. Écris une phrase numérique pour correspondre à l'image.

                      _____

Leçon 10 : Ajoute et soustrais des multiples de 10 à partir de multiples de 10 jusqu'à 100, y compris des pièces de 10 centimes.

UNE HISTOIRE D'UNITÉS Leçon 10 Modèle 1•6

_____◯_____◯_____

_____dizaines◯_____dizaines◯_____dizaines

_____◯_____◯_____

_____
ensemble de liaison numérique/phrase numérique

Leçon 10 : Ajoute et soustrais des multiples de 10 à partir de multiples de 10 jusqu'à 100, y compris des pièces de 10 centimes.

59

Lis

Ben a taillé 5 crayons. Il a 8 crayons de plus de crayons non taillés que de crayons taillés. Combien de crayons non taillés a Ben ?

Dessine

Écris

___

___

___

Nom _____ Date _____

Résous en utilisant les images. Complète la phrase numérique pour qu'elle corresponde.

1.

_____ + _____ = _____

2.

_____ + _____ = _____

3.

_____ + _____ = _____

4.

_____ + _____ = _____

Leçon 11 : Ajoute un multiple de 10 à n'importe quel nombre à deux chiffres jusqu'à 100.

UNE HISTOIRE D'UNITÉS　　　　Leçon 11 Problème d'application

$$64 + 30 = 94$$
$$4 \quad 60$$
$$60 + 30 = 90$$
$$90 + 4 = 94$$

5. Résoudre.

a. 47 + 40 = _____	b. 57 + 30 = _____
c. 35 + 30 = _____	d. 35 + 50 = _____
e. 30 + 63 = _____	f. 40 + 39 = _____

6. Résous et explique ton raisonnement à un partenaire.

　　a. 2 + 50 = _____　　　　　　　b. 58 + 40 = _____

　　c. 48 + _____ = 98　　　　　　d. 60 + _____ = 86

Leçon 11 :　Ajoute un multiple de 10 à n'importe quel nombre à deux chiffres jusqu'à 100.

UNE HISTOIRE D'UNITÉS   Leçon 11 Ticket de sortie   **1•6**

Nom _____   Date _____

Résous. Utilise des dessins de dizaines et d'unités rapides ou des liaisons numériques

a. 42 + 50 = _____	b. 30 + 57 = _____

Leçon 11 :   Ajoute un multiple de 10 à n'importe quel nombre à deux chiffres jusqu'à 100.

Lis

Kiana veut avoir 14 autocollants dans son classeur. Elle a besoin de 6 autres autocollants pour atteindre son objectif. Combien d'autocollants a-t-elle pour le moment ?

Dessine

Écris

___

___

___

Leçon 12 : Additionne une paire de nombres à deux chiffres quand les chiffres des unités ont une somme inférieure ou égale à 10.

UNE HISTOIRE D'UNITÉS Leçon 12 Problème d'application 1•6

Nom _____ Date _____

1. Résoudre.

a. 84 + 12 = _____	b. 71 + 26 = _____
c. 57 + 22 = _____	d. 59 + 41 = _____
e. 35 + 65 = _____	f. 26 + 54 = _____
g. 57 + 42 = _____	h. 37 + 63 = _____

Leçon 12 : Additionne une paire de nombres à deux chiffres quand les chiffres des unités ont une somme inférieure ou égale à 10.

UNE HISTOIRE D'UNITÉS **Leçon 12 Problème d'application** 1•6

2. Résoudre.

a. 45 + 13 = _____	b. 45 + 23 = _____
c. 21 + 27 = _____	d. 27 + 23 = _____
e. 48 + 32 = _____	f. 48 + 52 = _____
g. 34 + 65 = _____	h. 46 + 43 = _____

Leçon 12 : Additionne une paire de nombres à deux chiffres quand les chiffres des unités ont une somme inférieure ou égale à 10.

UNE HISTOIRE D'UNITÉS Leçon 12 Ticket de sortie 1•6

Nom _____ Date _____

Résous à l'aide de liaisons numériques. Tu pourras choisir d'ajouter en premier les unités ou les dizaines. Rédige les deux phrases numériques pour montrer ce que t'as fait.

a. 56 + 43 = _____	b. 22 + 75 = _____

Leçon 12 : Additionne une paire de nombres à deux chiffres quand les chiffres des unités ont une somme inférieure ou égale à 10.

Lis

Julio a lu 6 livres cette semaine. Emi a lu 12 livres cette semaine.

   a. Combien de livres de moins Julio a-t-il lu qu'Emi ?

   b. Combien de livres ont-ils lus en tout ?

   c. Combien de livres en plus Julio doit-il lire pour avoir lu un livre de plus qu'Emi ?

Dessine

Écris

_____

_____

_____

Leçon 13 : Ajoute une paire de nombres à deux chiffres quand les chiffres des unités ont une somme supérieure à 10 en utilisant la décomposition.

UNE HISTOIRE D'UNITÉS

Leçon 13 Série de problèmes 1•6

Nom _____ Date _____

1. Résous et montre ton travail.

a. 79 + 12 = _____	b. 59 + 32 = _____
c. 38 + 45 = _____	d. 36 + 47 = _____
e. 48 + 45 = _____	f. 57 + 34 = _____

Leçon 13 : Ajoute une paire de nombres à deux chiffres quand les chiffres des unités ont une somme supérieure à 10 en utilisant la décomposition.

2. Résous et montre ton travail.

a. 24 + 37 = _____	b. 48 + 45 = _____
c. 29 + 67 = _____	d. 48 + 34 = _____
e. 69 + 27 = _____	f. 78 + 17 = _____

Leçon 13 : Ajoute une paire de nombres à deux chiffres quand les chiffres des unités ont une somme supérieure à 10 en utilisant la décomposition.

Nom _____ Date _____

Résous et montre ton travail.

| a. 49 + 37 = _____ | b. 56 + 38 = _____ |

Lis

Il y a 12 chaises à la table de la cantine et 15 élèves. Combien de chaises supplémentaires faut-il pour que chaque élève ait une chaise ?

Dessine

Écris

UNE HISTOIRE D'UNITÉS　　　　　　　Leçon 14 Série de problèmes　1•6

Nom _____　　Date _____

1. Résous et montre ton travail.

a. 48 + 21 = _____	b. 48 + 22 = _____
c. 39 + 43 = _____	d. 48 + 34 = _____
e. 77 + 14 = _____	f. 67 + 27 = _____
g. 58 + 37 = _____	h. 68 + 29 = _____

Leçon 14 : Ajoute une paire de nombres à deux chiffres quand les chiffres des unités ont une somme supérieure à 10 en utilisant la décomposition.

UNE HISTOIRE D'UNITÉS Leçon 14 Série de problèmes 1•6

2. Résous et montre ton travail.

a. 39 + 31 = _____	b. 58 + 23 = _____
c. 77 + 23 = _____	d. 69 + 26 = _____
e. 68 + 25 = _____	f. 45 + 37 = _____
g. 59 + 39 = _____	h. 58 + 38 = _____

Leçon 14 : Ajoute une paire de nombres à deux chiffres quand les chiffres des unités ont une somme supérieure à 10 en utilisant la décomposition.

Nom _____ Date _____

Résous et montre ton travail.

a. 47 + 42 = _____

b. 78 + 22 = _____

c. 56 + 38 = _____

Lis

Il y a 20 élèves en classe. Neuf élèves ont rangé leurs cartables. Combien d'élèves doivent encore ranger leurs cartables ?

Dessine

Écris

Leçon 15 : Ajoute une paire de nombres à deux chiffres quand les chiffres des unités ont une somme supérieure à 10 avec un dessin. Enregistre le total ci-dessous.

UNE HISTOIRE D'UNITÉS   Leçon 15 Série de problèmes 1•6

Nom _____   Date _____

1. Résous en utilisant les dessins des dizaines et unités rapides. Rappelle-toi d'aligner tes dizaines avec des dizaines et tes unités avec des unités. Écris le total en dessous de ton dessin.

a. 29 + 42 = _____

71

b. 39 + 54 = _____

c. 41 + 38 = _____

d. 58 + 24 = _____

e. 47 + 46 = _____

f. 48 + 29 = _____

Leçon 15 : Ajoute une paire de nombres à deux chiffres quand les chiffres des unités ont une somme supérieure à 10 avec un dessin. Enregistre le total ci-dessous.

2. Résous en utilisant des dizaines et des unités rapides. Rappelle-toi d'aligner tes dizaines avec des dizaines et tes unités avec des unités. Écris le total en dessous de ton dessin.

a. 49 + 22 = _____

b. 38 + 62 = _____

c. 59 + 23 = _____

d. 68 + 14 = _____

e. 46 + 36 = _____

f. 69 + 26 = _____

UNE HISTOIRE D'UNITÉS | Leçon 15 Ticket de sortie 1•6

Nom _____ Date _____

Résous en utilisant les dessins des dizaines et unités rapides. Rappelle-toi d'aligner tes dessins et d'écrire le total en dessous de ton dessin.

a. 49 + 34 = _____	b. 57 + 36 = _____

Leçon 15 : Ajoute une paire de nombres à deux chiffres quand les chiffres des unités ont une somme supérieure à 10 avec un dessin. Enregistre le total ci-dessous.

89

Lis

Quinze élèves ont commandé une pizza pour le repas de midi. Sept élèves ont apporté leur repas de midi de la maison. Combien d'élèves en moins ont apporté leur repas de midi de la maison que ceux qui l'ont commandé ?

Dessine

Écris

Nom _____ Date _____

1. Résous en utilisant les dessins des dizaines et unités rapides. Rappelle-toi d'aligner tes dessins et réécris la phrase numérique verticalement.

a. 29 + 43 = ____

$$\begin{array}{r} 29 \\ +43 \\ \hline 72 \end{array}$$

72

b. 34 + 49 = ____

c. 45 + 39 = ____

d. 54 + 25 = ____

e. 47 + 36 = ____

f. 54 + 46 = ____

Leçon 16 : Ajoute une paire de nombres à deux chiffres quand les chiffres des unités ont une somme supérieure à 10 avec un dessin. Enregistre la nouvelle dizaine ci-dessous.

UNE HISTOIRE D'UNITÉS — **Leçon 16 Série de problèmes** 1•6

2. Résous en utilisant des dizaines et des unités rapides. Rappelle-toi d'aligner tes dessins et réécris la phrase numérique verticalement.

a. 39 + 24 = _____	b. 58 + 36 = _____
c. 55 + 37 = _____	d. 59 + 36 = _____
e. 37 + 58 = _____	f. 68 + 29 = _____

Leçon 16 : Ajoute une paire de nombres à deux chiffres quand les chiffres des unités ont une somme supérieure à 10 avec un dessin. Enregistre la nouvelle dizaine ci-dessous.

Nom _____ Date _____

Résous en utilisant des dizaines et des unités rapides. Rappelle-toi d'aligner tes dessins et réécris la phrase numérique verticalement.

a. 49 + 26 = _____

b. 58 + 37 = _____

c. 55 + 37 = _____

d. 69 + 26 = _____

Leçon 16 : Ajoute une paire de nombres à deux chiffres quand les chiffres des unités ont une somme supérieure à 10 avec un dessin. Enregistre la nouvelle dizaine ci-dessous.

Lis

Rose a vu 14 singes au zoo. Elle a vu 5 singes de moins que de renards. Combien de renards Rose a-t-elle vus ?

Dessine

Écris

Nom _____ Date _____

1. Résous en utilisant les dessins des dizaines et unités rapides. Rappelle-toi d'aligner tes dizaines et unités et réécris la phrase numérique verticalement.

a. 39 + 52 = _____

b. 48 + 42 = _____

c. 47 + 42 = _____

d. 47 + 47 = _____

e. 68 + 17 = _____

f. 68 + 29 = _____

Leçon 17 : Ajoute une paire de nombres à deux chiffres quand les chiffres des unités ont une somme supérieure à 10 avec un dessin. Enregistre la nouvelle dizaine ci-dessous.

2. Résous en utilisant les dessins des dizaines et unités rapides. Rappelle-toi d'aligner tes dizaines et unités et réécris la phrase numérique verticalement.

a. 39 + 32 = _____

b. 48 + 31 = _____

c. 43 + 49 = _____

d. 57 + 38 = _____

e. 61 + 39 = _____

f. 68 + 25 = _____

Leçon 17 Ticket de sortie 1•6

Nom _____ Date _____

Résous en utilisant les dessins des dizaines et unités rapides. Rappelle-toi d'aligner tes dizaines et unités et réécris la phrase numérique verticalement.

a. 39 + 47 = _____

b. 58 + 32 = _____

c. 49 + 44 = _____

d. 58 + 39 = _____

Leçon 17 : Ajoute une paire de nombres à deux chiffres quand les chiffres des unités ont une somme supérieure à 10 avec un dessin. Enregistre la nouvelle dizaine ci-dessous.

Lis

Un fermier a compté 12 lapins dans leur cage le matin. Dans l'après-midi, il n'a compté que 4 lapins dans leur cage. Combien de lapins ont disparu de leur cage ?

Dessine

Écris

Nom _____ Date _____

Utilise n'importe quelle méthode que tu préfères pour résoudre les problèmes ci-dessous.

1. 74 + 21 = _____

2. 79 + 21 = _____

3. 46 + 34 = _____

4. 58 + 34 = _____

5. 35 + 14 = _____

6. 35 + 18 = _____

Leçon 18 : Ajoute une paire de nombres à deux chiffres avec des sommes variées dans les unités, et comparer les résultats de différentes méthodes de notation.

UNE HISTOIRE D'UNITÉS   Leçon 18 Ticket de sortie   1•6

Nom _____   Date _____

Entourez tout travail qui est bon.

Dans l'espace supplémentaire, corrigez l'erreur dans l'autre solution en utilisant la même stratégie de solution que l'élève a essayé d'utiliser.

Élève A

35 + 56 = 91

$$\begin{array}{r} 35 \\ + 56 \\ \hline 91 \end{array}$$

Élève B

35 + 56 = 46

    ∧
   5 6

35 + 5 = 40
40 + 6 = 46

Leçon 18 : Ajoute une paire de nombres à deux chiffres avec des sommes variées dans les unités, et comparer les résultats de différentes méthodes de notation.

Lis

Ben avait 16 cartes de baseball avant une exposition de cartes. Après l'exposition de cartes, il avait 20 cartes de baseball. Combien de cartes ont été ajoutées à la collection de Ben ?

Dessine

Écris

Nom _____ Date _____

Utilise la stratégie que tu préfères pour résoudre les problèmes ci-dessous.

1. 43 + 21 = _____	2. 43 + 41 = _____
3. 62 + 38 = _____	4. 52 + 48 = _____
5. 75 + 14 = _____	6. 75 + 16 = _____

Leçon 19 : Résous et partage les stratégies pour ajouter des nombres à deux chiffres avec des sommes variées.

Utilise la stratégie que tu préfères pour résoudre les problèmes ci-dessous.

7. 29 + 54 = _____

8. 27 + 54 = _____

9. 38 + 23 = _____

10. 58 + 36 = _____

11. 49 + 19 = _____

12. 28 + 69 = _____

Nom _____ Date _____

Utilise la stratégie que tu préfères pour résoudre les problèmes ci-dessous.

a. 24 + 38 = _____	b. 24 + 48 = _____

Leçon 19 : Résous et partage les stratégies pour ajouter des nombres à deux chiffres avec des sommes variées.

Leçon 20 Problème d'application 1•6

Lis

Tamra a vu 10 guépards au zoo. Elle a vu 8 léopards de plus que des guépards. Combien de léopards a-t-elle vus ?

Dessine

Écris

_____

_____

_____

Leçon 20 : Identifie les pennies, nickels et pièces de 10 centimes par leur, nom ou valeur. Décompose les valeurs de nickels et pièces de 10 centimes en utilisant les pennies et nickels.

Nom _____ Date _____

1. Utilise la banque de mot pour étiqueter la pièce de monnaie. Le recto et le verso de la pièce sont affichés.

| penny |
| nickel |
| pièce de 10 centimes |

a. _____ b. _____ c. _____

2. Dessine plus de pennies pour montrer la valeur de chaque pièce.

a.

b.

3. Kim a 5 centimes dans sa main. Barre (x) la main qui ne peut pas être celle de Kim.

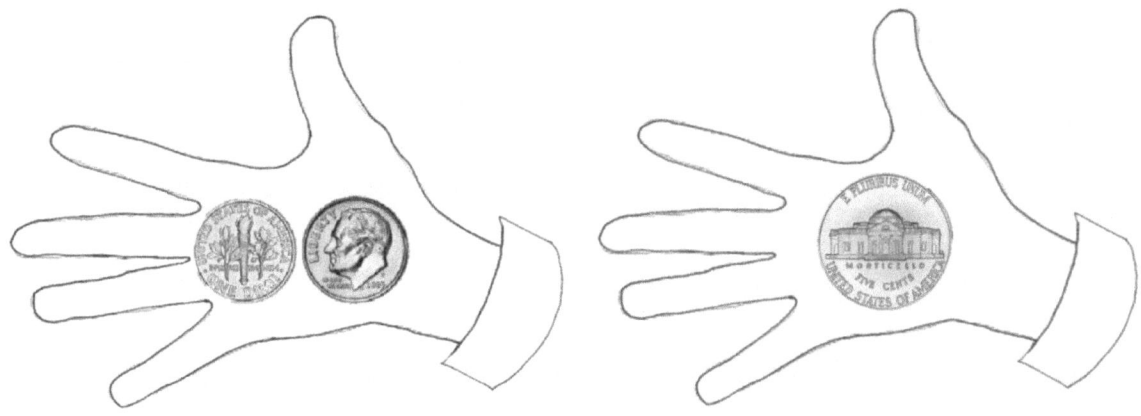

4. Anton a 10 centimes dans sa poche. Une de ses pièces est un nickel (5 centimes). Dessine des pièces pour montrer deux façons différentes dont il pourrait avoir dix centimes avec les pièces qu'il a dans sa poche.

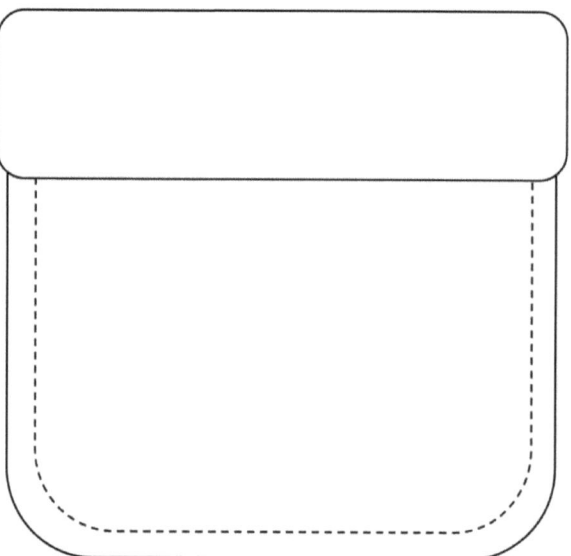
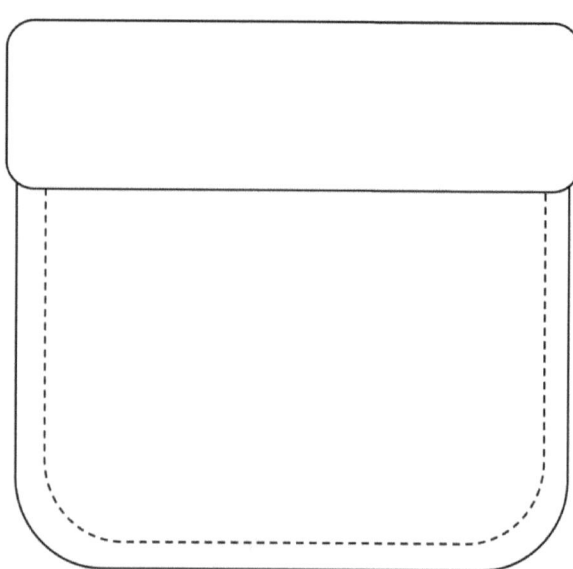

5. Emi dit qu'elle a plus d'argent que Kiana. A-t-elle raison ? Pourquoi ou pourquoi pas ?

Argent d'Emi

Argent de Kiana

Emi a raison/tort parce que _____

_____

Nom _____ Date _____

1. Faites correspondre les pennies à la pièce de monnaie de même valeur.

   a.

   b.

2. Ben a 10 centimes. Il a 1 nickel. Dessine plus de pièces pour montrer quelle(s) autre(s) pièce(s) il pourrait avoir.

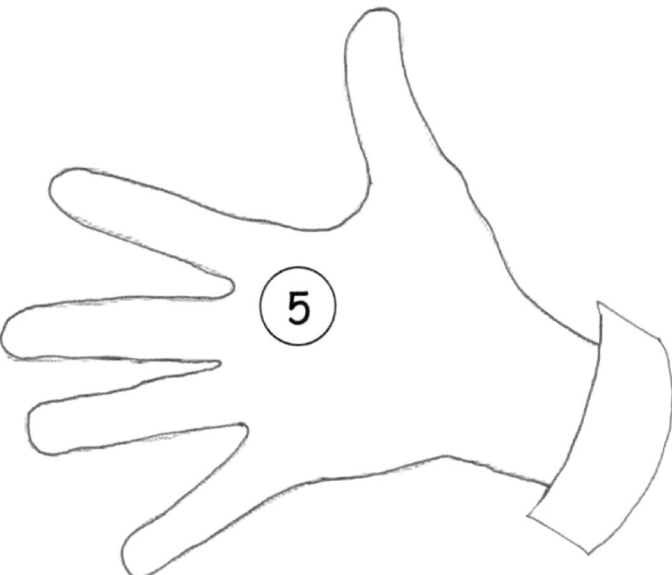

Lis

Willie a vu 11 singes au zoo. Il a vu 4 singes de moins que de tigres. Combien de tigres a-t-il vu au zoo ?

Dessine

Écris

Leçon 21 : Identifie des quarts par leur, nom et valeur. Décompose la valeur d'un quart en utilisant les pennies, nickels et les pièces de 10 centimes.

UNE HISTOIRE D'UNITÉS   Leçon 21 Série de problèmes   1•6

Nom _____ Date _____

1. Utilise différentes combinaisons de pièces pour faire 25 centimes.

a.	____ pennies	
b.	____ pièces de 10 centimes ____ pennies	
c.	____ pièces de 10 centimes ____ nickels	
d.	____ nickels ____ pennies	
e.	____ nickels	
f.	____ quart	

Leçon 21 : Identifie des quarts par leur, nom et valeur. Décompose la valeur d'un quart en utilisant les pennies, nickels et les pièces de 10 centimes.

2. Utilise la banque de mot pour étiqueter les pièces.

| pennies | nickels | pièces de 10 centimes | quarts |

a. _____ b. _____ c. _____ d. _____

3. Dessine différentes pièces pour montrer la valeur de la pièce indiquée.

4. Fais correspondre les combinaisons de pièces à la pièce de même valeur.

a.    •   •

b.    •   •

c.    •   •

Leçon 21 : Identifie des quarts par leur, nom et valeur. Décompose la valeur d'un quart en utilisant les pennies, nickels et les pièces de 10 centimes.

Nom _____ Date _____

Utilise la banque de mots pour écrire les noms des pièces.

| pièces de 10 centimes | nickels | pennies | quarts |

a. _____   b. _____   c. _____   d. _____

Lis

Peter a 6 crayons rouges de plus que de crayons bleus. Il a 8 crayons bleus. Combien de crayons rouges a-t-il ?

Dessine

Écris

___
___
___

Nom _____ Date _____

1. Utilise la banque de mot pour étiqueter les pièces.

| quart | pièce de 10 centimes | nickel | penny |

a. _____ b. _____ c. _____ d. _____

2. Fais correspondre les combinaisons de pièces à la pièce à droite avec la même valeur.

a.  •   •

b.  •   •

c.  •   •

3. Tamra a 25 centimes en main. Barre (x) la main qui ne peut pas être celle de Tamra.

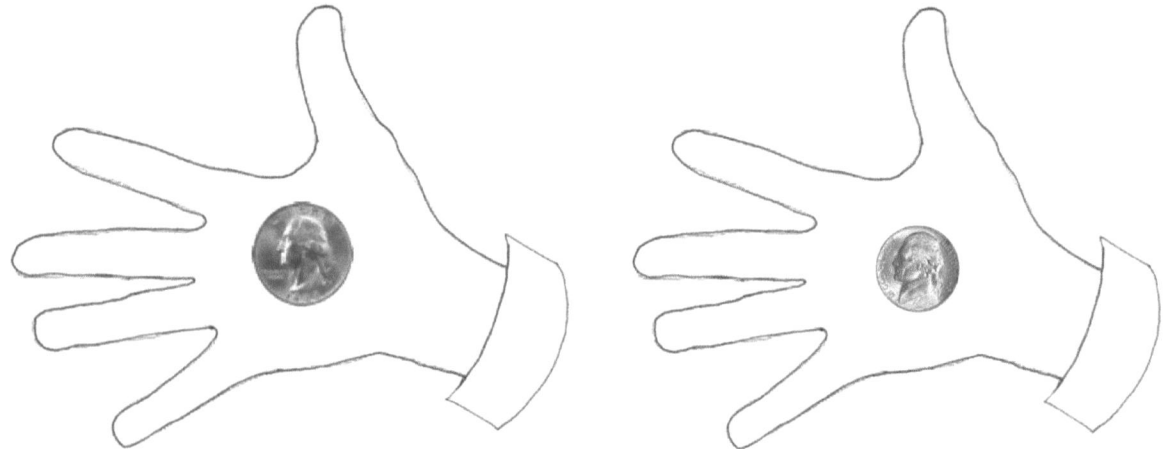

4. Ben pense qu'il a plus d'argent que Peter. A-t-il raison ? Pourquoi ou pourquoi pas ?

          Argent de ben   **Argent de Peter**

Ben a _____ parce que _____

_____

5. Résous. Fais correspondre chaque déclaration à la pièce qui montre la valeur de la réponse.

    a. 5 pennies = _____ centimes

    b. 6 centimes + 4 centimes = _____ centimes

    c. 1 quart = _____ centimes

    d. 6 centimes − 5 centimes = _____ centime(s)

Nom _____ Date _____

Trace une ligne pour faire correspondre chaque pièce à son nom correct.

pièce de 10 centimes

nickel

penny

quart

Lis

Peter a 8 crayons verts de plus que les crayons jaunes. Peter a 10 crayons verts. Combien de crayons jaunes Peter a-t-il ?

Dessine

Écris

Leçon 23 : Compte en utilisant les pennies depuis chaque pièce individuelle.

Nom _____ Date _____

1. Ajoute des pennies pour montrer le montant écrit.

2. Écris la valeur de chaque groupe de pièces.

   a.

   ___ centimes

b.

___ centimes

c.

___ centimes

d.

___ centimes

e.

___ centimes

Nom _____ Date _____

Ajoute des pennies pour montrer le montant écrit.

a.	9 centimes	
b.	29 centimes	

Lis

Il y a 8 œufs dans le carton. Le carton peut contenir 12 œufs.

Combien d'œufs de plus pourront tenir dans le carton ?

Dessine

Écris

_____

_____

_____

Nom _____ Date _____

1. Trouve la valeur de chaque ensemble de pièces. Remplis le tableau de valeur de position pour qu'il corresponde. Écris une phrase d'addition pour ajouter la valeur des pièces de 10 centimes et la valeur des pennies.

a.

dizaines	unités

_____

b.

dizaines	unités

_____

c.

dizaines	unités

_____

Leçon 24 : Utilise des pièces de 10 centimes et des pennies comme représentations de nombres jusqu'à 120.

2. Vérifie l'ensemble qui indique le bon montant. Remplis le tableau de valeur de position pour qu'il corresponde.

a. 80 centimes

dizaines	unités

b. 100 centimes

dizaines	unités

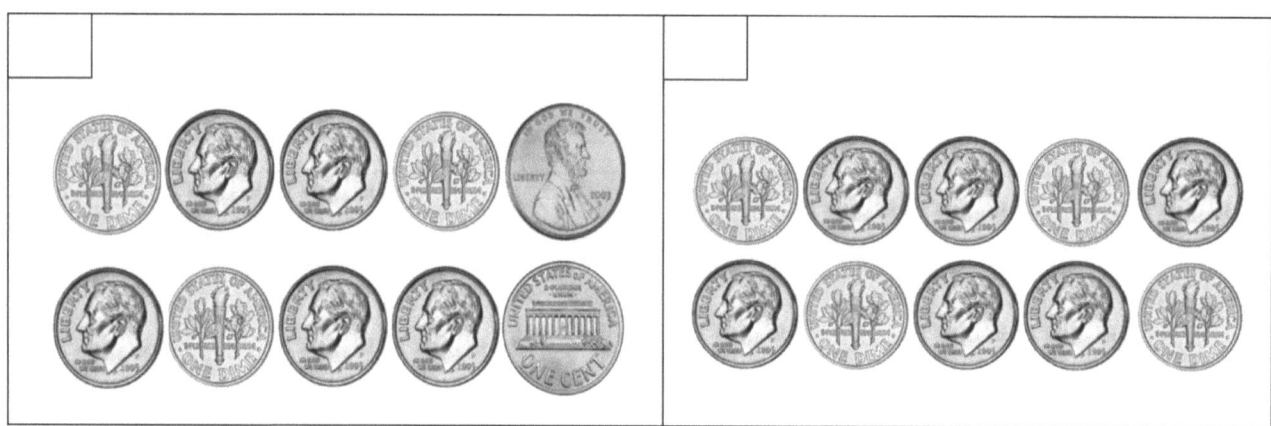

3. Dessine 58 centimes en utilisant les pièces de 10 centimes et pennies. Remplis le tableau de valeur de position.

dizaines	unités

Nom _____   Date _____

Trouve la valeur de l'ensemble de pièces. Remplis le tableau de valeur de position pour qu'il corresponde.
Écris une phrase d'addition pour ajouter la valeur des pièces de 10 centimes et la valeur des pennies.

Nom _____ Date _____

Exemple de diagramme en bande

Lis le problème de mots.
Dessine un diagramme en bande ou un diagramme en double bande et une étiquette.
Écris une phrase numérique et une déclaration qui correspondent à l'histoire.

1. Kiana a écrit 3 poèmes. Elle en a écrit 7 de moins que sa sœur Emi. Combien de poèmes Emi a-t-elle écrits ?

2. Maria a utilisé 14 perles pour créer un bracelet. Maria a utilisé 4 perles de plus que Kim. Combien de perles Kim a-t-elle utilisées pour créer son bracelet ?

3. Peter a dessiné 19 fusées. Rose a dessiné 5 fusées de moins que Peter. Combien de fusées Rose a-t-elle dessinées ?

Leçon 25 : Résoudre des problèmes de type comparer avec une inconnue plus grande ou plus petite.

4. Pendant l'été, Ben a regardé 9 films. Lee a regardé 4 films de plus que Ben. Combien de films Lee a-t-il regardés ?

5. La famille d'Anton a emporté 10 valises pour les vacances. La famille d'Anton a emporté 3 valises de plus que la famille de Fatima. Combien de valises la famille de Fatima a-t-elle emportées ?

6. Willie a peint 9 tableaux de moins que Julio. Julio a peint 16 tableaux. Combien de tableaux Willie a-t-il peints ?

Nom _____ Date _____

Lis le problème de mots.

Dessine un diagramme en bande ou un diagramme en double bande et une étiquette.

Écris une phrase numérique et une déclaration qui correspondent à l'histoire.

Exemple de diagramme en bande

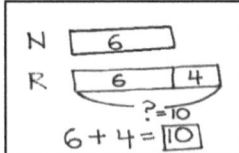

Willie a barboté dans 7 flaques d'eau de plus après l'orage que Julio. Willie a barboté dans 11 flaques d'eau. Dans combien de flaques d'eau Julio a-t-il barboté après l'orage ?

Leçon 25 : Résoudre des problèmes de type comparer avec une inconnue plus grande ou plus petite.

Nom _____ Date _____

Lis le problème de mots.
Dessine un diagramme en bande ou un diagramme en double bande et une étiquette.
Écris une phrase numérique et une déclaration qui correspondent à l'histoire.

Exemple de diagramme en bande

1. Tony lit un livre de 16 pages. Maria lit un livre de 10 pages. Combien de pages le livre de Tony a-t-il de plus que celui de Maria ?

2. Shanika a construit une tour avec 14 blocs. Tamra a construit une tour en utilisant 5 blocs de plus que Shanika. Combien de blocs Tamra a-t-elle utilisé pour construire sa tour ?

3. Darnel a marché 10 minutes pour se rendre à la maison de Kiana. Le jour d'après, Kiana a pris un raccourci et a marché jusqu'à la maison de Darnel en 8 minutes. La marche de Kiana a été plus courte de combien de minutes ?

Leçon 26 : Résoudre des problèmes de type comparer avec une inconnue plus grande ou plus petite.

4. Lee a lu 16 pages dans un livre. Kim a lu 4 pages de moins dans son livre. Combien de pages Kim a-t-elle lu ?

5. L'équipe de football de Nikil compte 13 joueurs. Nikil a 4 joueurs de moins dans son équipe que l'équipe de Rose. Combien de joueurs font partie de l'équipe de Rose ?

6. Après le dîner, Darnel a lavé 15 cuillères. Il a lavé 9 cuillères de plus que de fourchettes. Combien de fourchettes Darnel a-t-il lavées ?

Nom _____ Date _____

Lis le problème de mots.
Dessine un diagramme en bande ou un diagramme en double bande et une étiquette.
Écris une phrase numérique et une déclaration qui correspondent à l'histoire.

Exemple de diagramme en bande

Maria a sauté du plongeoir dans la piscine 3 fois moins qu'Emi. Maria a sauté du plongeoir 14 fois. Combien de fois Emi a-t-elle sauté du plongeoir ?

Leçon 26 : Résoudre des problèmes de type comparer avec une inconnue plus grande ou plus petite.

Nom _____ Date _____

Exemple de diagramme en bande

Lis le problème de mots.
Dessine un diagramme en bande ou un diagramme en double bande et une étiquette.
Écris une phrase numérique et une déclaration qui correspondent à l'histoire.

1. Lundi, neuf lettres ont été envoyées par la poste. Quelques autres lettres ont été envoyées mardi. Au final, il y a eu 13 lettres envoyées. Combien de lettres ont été envoyées mardi ?

2. Ben et Tamra ont trouvé un total de 18 pépins dans leurs tranches de pastèque. Ben a trouvé 7 pépins dans sa tranche. Combien de pépins Tamra a-t-elle trouvés ?

3. Quelques enfants jouaient sur le terrain de jeux. Huit enfants sont venus pour les rejoindre et il y a maintenant 14 enfants. Combien d'enfants étaient sur le terrain de jeu au début ?

4. Willie a marché pendant 7 minutes. Peter a marché pendant 14 minutes. La marche de Willie a été plus courte de combien de minutes ?

___

5. Emi a vu 12 fourmis marcher en file. Fran a vu 6 fourmis de plus qu'Emi. Combien de fourmis Fran a-t-elle vues ?

___

6. Shanika a 13 centimes dans sa poche avant. Elle a 8 centimes de moins dans sa poche arrière. Combien de centimes Shanika a-t-elle dans sa poche arrière ?

Nom _____ Date _____

Lis le problème de mots.

Dessine un diagramme en bande ou un diagramme en double bande et une étiquette.

Écris une phrase numérique et une déclaration qui correspondent à l'histoire.

Exemple de diagramme en bande

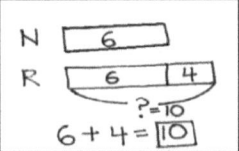

Emi a essayé 8 costumes de moins que Nikil. Emi a essayé 4 costumes. Combien de costumes Nikil a-t-il essayés ?

Lis

Darnel a répondu à 30 problèmes sur le côté B de son comptage des points Sprint aujourd'hui. Il était fier parce qu'il avait résolu 20 problèmes de plus aujourd'hui qu'il ne l'avait fait le premier jour d'école. À combien de problèmes a-t-il résolus le premier jour d'école ?

Dessine

Écris

Nom _____ Date _____

1. Entoure le visage souriant qui montre ton niveau de maitrise pour chaque activité.

Activité	J'ai encore besoin d'un peu de pratique.	Je peux le faire, mais j'ai encore quelques questions.	Je maîtrise.
a.			
b.			
c.			
d.			
e.			
f.			

2. Quelle activité t'a le plus aidé à maîtriser tes connaissances jusqu'à 10 ?

Leçon 28 : Fêter les progrès de maîtrise avec des additions et des soustractions jusqu'à 10 (et 20). Organiser des entraînements estivaux stimulants.

Lis

En octobre, le meilleur score de Tamra à la Course des liaisons numériques était de 15 problèmes. Aujourd'hui, elle a correctement répondu à 10 autres problèmes. Quel fut le score de Tamra aujourd'hui ?

Dessine

Écris

_____

_____

_____

Leçon 29 : Fêter les progrès de maîtrise avec des additions et des soustractions jusqu'à 10 (et 20). Organiser des entraînements estivaux stimulants.

UNE HISTOIRE D'UNITÉS Leçon 30 Kit d'été 1•6

Nom _____ Date _____

Effectue une activité mathématique chaque jour. Colorie la case pour chaque jour où tu as fait l'activité suggérée.

Révisions d'été de mathématiques : Semaines 1 à 5

	Lundi	Mardi	Mercredi	Jeudi	Vendredi
Semaine 1	Compte de 87 à 120 et inversement.	Joue aux additions avec des cartes.	Utilise les pièces de ton casse-tête pour faire un dessin du 14 juillet.	Utilise des dizaines et des unités rapides pour dessiner 76.	Complète un Sprint.
Semaine 2	Fais des squats de comptage. Compte de 45 à 60 et inversement avec la méthode de comptage en disant dix.	Joue aux soustractions avec des cartes.	Fais un graphique des types de fruits dans ta cuisine. Qu'as-tu découvert dans ton graphique ?	Résous 36 + 57. Dessine une image pour montrer ta pensée.	Complète un Sprint.
Semaine 3	Écris des nombres de 37 à aussi haut que possible en une minute, tout en comptant à voix basse la méthode par groupes de dix.	Joue à Pratique cible ou Secoue ces disques pour 9 et 10.	Mesure une table avec des cuillères puis avec des fourchettes. De quoi as-tu eu le plus besoin ? Pourquoi ?	Utilise de vraies pièces ou dessine des pièces pour montrer autant de façons que tu peux avoir 25 centimes.	Complète un Sprint.
Semaine 4	Fais des sauts avec écarts pendant que tu comptes par dizaines jusqu'à 120 et inversement jusqu'à 0.	Joue à Faire la course et rouler des additions ou Additions avec des cartes.	Pars à la chasse au trésor des formes. Trouve autant de rectangles ou de prismes rectangulaires que possible.	Utilise des dizaines et des unités rapides pour dessiner 45 et 54. Entoure le plus grand nombre.	Complète un Sprint.
Semaine 5	Écris les nombres de 75 à 120.	Joue à Faire la course et rouler des soustractions ou Soustractions avec des cartes.	Mesure le trajet de ta salle de bain à ta chambre. Marche les talons en premier et compte tes pas.	Ajoute 5 dizaines à 23. Ajoute 2. Quel nombre as-tu trouvé ?	Complète un Sprint.

Leçon 30 : Crée des couvertures de dossier pour travail qui sera ramené à la maison illustrant l'apprentissage de l'année.

Copyright © Great Minds PBC

Nom _____ Date _____

Effectue une activité mathématique chaque jour. Colorie la case pour chaque jour où tu as fait l'activité suggérée.

Révisions d'été de mathématiques : Semaines 6 à 10

	Lundi	Mardi	Mercredi	Jeudi	Vendredi
Semaine 6	Compte par unités de 112 à 82. Puis, compte de 82 à 112.	Joue au jeu de Partie Manquante pour 7.	Écris l'histoire d'un problème pour 9 + 4.	Résous 64 + 38. Dessine une image pour montrer ta pensée.	Complète une série d'entraînements de maîtrise de base.
Semaine 7	Fais des squats de comptage. Décompte de 99 à 75 et inversement avec la méthode de comptage en disant dix.	Joue à Faire la course et rouler des additions ou Additions avec des cartes.	Fais un graphique de toutes les couleurs de tes pantalons. Qu'as-tu découvert dans ton graphique ?	Dessine 14 centimes en utilisant les pièces de 10 centimes et pennies. Dessine 10 centimes de plus. Quelles pièces as-tu utilisées ?	Complète une série d'entraînements de maîtrise de base.
Semaine 8	Écris des nombres de 116 à aussi bas que possible en une minute.	Joue au jeu de Partie Manquante pour 8.	Écris l'histoire d'un problème pour 7 + ____ = 12.	Utilise des dizaines et des unités rapides pour dessiner 76. Dessine des pièces de 10 centimes et de pennies pour obtenir 59 centimes.	Complète une série d'entraînements de maîtrise de base.
Semaine 9	Fais des sauts avec écarts pendant que tu comptes par dizaines de 9 à 119 et inversement jusqu'à revenir à 9.	Joue à Faire la course et rouler des soustractions ou Soustractions avec des cartes.	Pars à la chasse au trésor des formes. Trouve autant de cercles ou de sphères que possible.	Utilise des dizaines et des unités rapides pour dessiner 89 et 84. Entoure le nombre qui est le plus petit.	Complète une série d'entraînements de maîtrise de base.
Semaine 10	Écris des nombres de 82 à aussi haut que possible en une minute, tout en comptant à voix basse la méthode par groupes de dix.	Joue à Pratique cible ou Secoue ces disques pour 6 et 7.	Mesure les marches de ta chambre à la cuisine, en marchant les talons en premier, puis demande à un membre de ta famille de faire la même chose. Compare.	Résous 47 + 24. Dessine une image pour montrer ta pensée.	Complète une série d'entraînements de maîtrise de base.

Leçon 30 : Crée des couvertures de dossier pour travail qui sera ramené à la maison illustrant l'apprentissage de l'année.

Additions (ou Soustractions) avec des cartes

Matériel : 2 jeux de cartes numériques de 0 à 10

- Mélange les cartes et place-les face cachée entre les deux joueurs.
- Chaque partenaire retourne deux cartes et les additionne ou soustrait le plus petit nombre du plus grand.
- Le partenaire avec la plus grande somme ou la plus petite différence conserve les cartes jouées par les deux joueurs de ce tour.
- Si les sommes ou les différences sont égales, les cartes sont mises de côté et le vainqueur du tour suivant conserve les cartes des deux tours.
- Lorsque toutes les cartes ont été utilisées, le joueur avec le plus de cartes gagne.

Sprint

Matériel : Sprint (côtés A et B)

- Résous autant de problèmes que possible sur le côté A en une minute. Ensuite, essaie de voir tu peux améliorer ton score en répondant à encore plus de problèmes sur le côté B en une minute.

Pratique cible

Matériel : 1 dé

- Choisis un nombre cible à pratiquer (par exemple, 10).
- Lance le dé et dis l'autre chiffre nécessaire pour atteindre la cible. Par exemple, si tu obtiens 6, dis 4, parce que 6 et 4 font dix.

Secoue ces disques

Matériel : Pennies

La quantité de pennies nécessaires dépend du nombre pratiqué. Par exemple, si les élèves pratiquent des sommes pour 10, ils ont besoin de 10 pennies.

- Secoue tes pennies et dépose-les sur la table.
- Dis deux phrases d'addition qui additionnent pile et face. (Par exemple, s'ils voient 7 cotés faces et 3 cotés piles, ils vont dire 7 + 3 = 10 et 3 + 7 = 10.)
- Défi : dis quatre phrases d'addition au lieu de deux. (Par exemple, 10 = 7 + 3, 10 = 3 + 7, 7 + 3 = 10, et 3 + 7 = 10.)

Leçon 30 : Crée des couvertures de dossier pour travail qui sera ramené à la maison illustrant l'apprentissage de l'année.

Faire la course et rouler Additions (ou soustractions)

Matériel : 1 dé

Additions

- Les deux joueurs commencent à 0.
- Ils lancent chacun un dé, puis prononcent une phrase numérique en ajoutant le nombre obtenu à leur total. (Par exemple, si le premier lancer d'un joueur est 5, le joueur dit 0 + 5 = 5.)
- Ils continuent à lancer le dé rapidement et à prononcer des phrases numériques jusqu'à ce que quelqu'un atteigne 20 sans dépasser ce nombre. (Par exemple, si un joueur a 18 et obtient 5, le joueur continuera de rouler jusqu'à ce qu'il obtienne un 2.)
- Le premier joueur à 20 a gagné.

Soustractions

- Les deux joueurs commencent à 20.
- Ils lancent chacun un dé, puis prononcent une phrase numérique soustrayant le nombre lancé de leur total. (Par exemple, si le premier lancer d'un joueur est 5, le joueur dit 20 − 5 = 15.)
- Ils continuent de lancer rapidement leur dé et de prononcer des phrases numériques jusqu'à ce que quelqu'un atteigne 0 sans dépasser. (Par exemple, si un joueur a 5 et obtient 6, le joueur continuera de rouler jusqu'à ce qu'il obtienne un 5.)
- Le premier joueur à 0 a gagné.

Crédits

Great Minds® a fait tout son possible pour obtenir l'autorisation de réimprimer tout le matériel protégé par des droits d'auteur. Si un propriétaire de matériel protégé par des droits d'auteur n'est pas mentionné dans le présent document, veuillez contacter Great Minds pour qu'il soit dûment mentionné dans toutes les éditions et réimpressions futures de ce module.

Printed by Libri Plureos GmbH in Hamburg, Germany